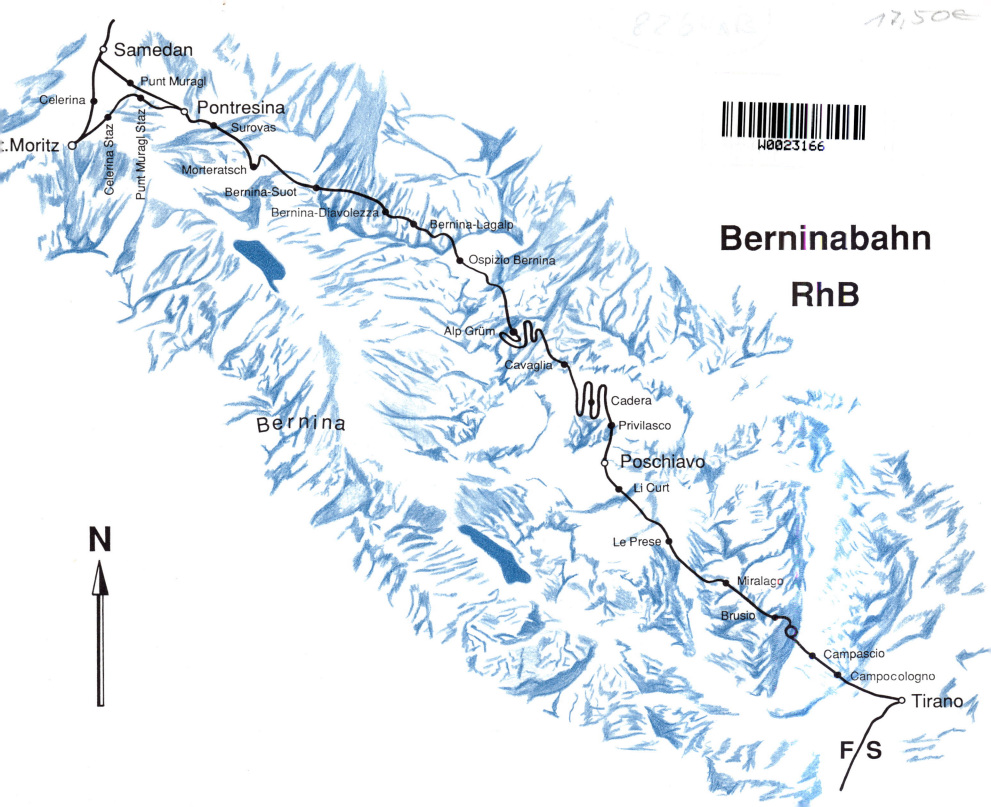

Bernina Bahn

KLAUS FADER
Bernina Bahn
VON ST. MORITZ NACH TIRANO

BECHTERMÜNZ VERLAG

Mit 137 Farbfotos von Klaus Fader (126), Cornelius Fader (6), Hans Faust (1), Dr. T. Faust (3) und Winfried Großpietsch (1)
Die Karte auf den Vorsätzen wurde von Hans Faust gezeichnet

Bild Seite 1: Vor dem Panorama des 3604 m hohen Piz Cambrena führen zwei alte Triebwagen ihren Zug am Lago Bianco entlang in Richtung St. Moritz.

Zum Bild auf Seite 2: Auf der unteren Berninabach-Brücke bei Lagalb entstand die Aufnahme eines talwärts fahrenden Zuges. Im Hintergrund Piz d' Arlas, Piz Palü und Piz Trovat.

Inhalt

Die Strecke 5
Daten zur Berninabahn 6
Triebfahrzeuge der Berninabahn 6
Die Dampfschneeschleuder X rot d 9213 133

Erläuterungen zum Rollmaterial

In der Schweiz werden Lokomotiven und Triebwagen mit Buchstaben und Ziffernkombinationen bezeichnet, die Auskunft über die Bau- und Betriebsart geben. Für Schmalspurbahnen werden folgende Bezeichnungen verwendet:

Lokomotiven
G Schmalspurlokomotive für Adhäsionsbetrieb
X Dienstfahrzeug
Triebwagen

A 1. Klasse
B 2. Klasse
D Gepäckabteil

Antriebsart
d dampfgetrieben
e elektrisch
m Verbrennungsmotor
rot rotierende Schneeräumer
t mit Führerstand zum Steuern

Achsenzahl
Zähler = Anzahl angetriebener Achsen
Nenner = Gesamtzahl der Achsen

Abkürzungen

BB   Berninabahn
RhB   Rhätische Bahn
ABB   Asea Brown Boveri AG
BBC   BBC AG Brown Boveri & Cie
MFO   Maschinenfabrik Oerlikon
SAAS   S.A. des Ateliers de Sécheron
SIG   SIG Schweiz. Industriegesellschaft, Neuhausen a. Rh.
SLM   Schweiz. Lokomotiv- und Maschinenfabrik, Winterthur
SWS   Schweiz. Wagons- und Aufzügefabrik, Schlieren

Genehmigte Lizenzausgabe für
Weltbild Verlag GmbH, Augsburg 1998
Copyright © by Franckh-Kosmos Verlags-GmbH & Co., Stuttgart
Alle Rechte Vorbehalten
Umschlaggestaltung: Georg Lehmacher, Friedberg
Umschlagmotiv: Klaus Fader
Gesamtherstellung: Neue Stalling, Oldenburg
Printed in Germany
ISBN 3-8289-5338-7

Berninabahn

Die Strecke

Die Berninabahn führt vom Engadin über den Berninapaß ins Puschlav und nach Tirano ins italienische Veltlin. Erbaut wurde die von Anfang an elektrifizierte 61 km lange Strecke in den Jahren 1906 bis 1910.

Bis zum 31. 12. 1942 war die Berninabahn eine selbständige Privatbahngesellschaft und ist seit diesem Zeitpunkt in das Netz der Rhätischen Bahn eingegliedert. Ein vom Stammnetz abweichendes Stromsystem, Steigungen bis 70 Promille und Minimalradien von 45 m sind bis heute erhalten gebliebene betriebliche und technische Besonderheiten aus der Zeit der früheren Selbständigkeit.

Ausgangspunkt der Berninabahn ist der auf 1774 m ü.M. gelegene Bahnhof von St. Moritz, in dem die Züge der Rhätischen Bahn aus Richtung Chur und Scuol enden. Die Gleisanlagen der Berninabahn und des RhB-Stammnetzes liegen nebeneinander. Sie sind aufgrund der unterschiedlichen Stromsysteme (Berninabahn 1000 Volt Gleichspannung; Stammnetz 11000 Volt Wechselspannung 16 2/3 Hz) nur durch ein fahrdrahtloses Gleis miteinander verbunden.

Unmittelbar nach der Ausfahrt aus dem Bahnhof St. Moritz führt die Strecke auf einem gemauerten Viadukt mit vier Bogen über den noch jungen Inn. Kurz danach verschwindet die Bahn im 689 m langen Charnadürastunnel II, dem längsten Tunnel der Strecke.

Erster Halt nach St. Moritz ist in Celerina Staz. Die Station mit ihrem schönen Empfangsgebäude aus Holz ist der tiefste Punkt (1716 m ü.M.), den die Bahn auf der Nordseite des Berninapasses erreicht.

Die Linienführung entlang des Stazer Waldes erlaubt den Reisenden die Sicht auf die nördliche Landschaft mit einem der Wahrzeichen des Oberengadins, der auf einem Hügel gelegenen spätgotischen Kirche San Gian.

Zwischen Celerina Staz und der Haltestelle Punt Muragl Staz verläßt die Strecke das Inntal. Parallel zur von Samedan her kommenden Verbindungslinie führt der Schienenstrang ins Berninatal nach Pontresina.

Der Bahnhof von Pontresina wurde als Gemeinschaftsbahnhof der Rhätischen Bahn und der damals noch selbständigen Berninabahn errichtet. Das Stammnetz der RhB schließt hier, von Samedan her kommend, an die Berninabahn an. Pontresina ist für die Berninabahn der wichtigste Bahnhof und Betriebsmittelpunkt nördlich des Berninapasses. Hier werden Wagen und Züge vom und zum Stammnetz übergeben. Ein durchgehender Betrieb mit elektrischen Triebfahrzeugen ist aufgrund der unterschiedlichen Stromsysteme nicht möglich. Jedoch kann der Fahrdraht von Gleis 3 auf jedes der beiden Stromsysteme umgeschaltet werden, so daß der eingefahrene Bernina-Express nach Wechsel der Triebfahrzeuge ohne aufwendiges Rangieren weiterfahren kann.

Nach dem Bahnhof Pontresina führt die Trasse in einem weiten Bogen ins Roseggtal hinein und überquert auf einer steinernen Brücke den Roseggbach. Zum ersten Mal setzt nun die Maximalsteigung ein und die Strecke steigt mit 70 Promille zur Station Surovas hinauf. Am Berninabach entlang fährt die Bahn nach Morteratsch, im Sommer Ausgangspunkt für Wanderungen und Bergtouren, im Winter Endpunkt der berühmten Gletscherskiabfahrt. Nach Morteratsch steigt die Strecke zur Montebello-Kurve empor, von der ein prächtiger Ausblick auf die Bernina-Gruppe möglich ist.

Weiter fährt die Bahn parallel zur Straße nach Bernina-Suot. Die Paßstraße, die früher zwischen Gleisanlagen und Empfangsgebäude hindurch führte, umgeht heute die Station.

Nächster Halt ist in Bernina-Diavolezza, Talstation der Luftseilbahn zum bekannten Diavolezza-Skigebiet. Hinter Lagalb, Zubringerstation für die Luftseilbahn zum Piz Lagalb, beginnt einer der schönsten Streckenabschnitte dieser an Glanzpunkten so reichen Hochgebirgsbahn. In einer weiten Kurve steigt die Trasse, an der Alp Bondo vorbei, das Tal empor. Da sich die Streckenführung in diesem Abschnitt immer wieder ändert, bieten sich den Reisenden vielfältige Ausblicke auf die ringsum emporragenden Bergmassive.

Nachdem die gegen Schneeverwehungen errichtete Arlas-Galerie durchfahren ist, kommen die Paßseen in Sicht. Zwischen dem dunklen Lej Nair (Schwarzer See) und dem hellen Lago Bianco (Weißer See) verläuft die Wasserscheide Schwarzes Meer – Adriatisches Meer und, wie die Namen der beiden Seen zeigen, auch die Sprachgrenze zwischen Deutsch und Rätoromanisch (Ladinisch) einerseits und Italienisch andererseits.

Kurvenreich, am östlichen Ufer des Lago Bianco entlang fahrend, erreicht die Bahn Ospizio Bernina (Bernina-Hospiz). Die auf 2253 m ü.M. gelegene Station ist nicht nur Scheitelpunkt der Strecke, sondern auch der höchstgelegene Bahnhof in Europa, den Züge im Adhäsionsbetrieb erreichen. Außer den Gleisanlagen und dem Empfangsgebäude gehört zu den Bahnhofsanlagen ein weiterer Bau, in dem eine Drehscheibe für die Dampfschneeschleuder eingebaut ist. Auch das Streckengleis nach Alp Grüm verläuft durch dieses Gebäude, das als Lokomotivdepot benutzt werden kann. Gegenüber der Station, am anderen Seeufer, ragt der mächtige Gebirgskamm des Piz Cambrena mit seinen Gletschern empor.

Die Bahnlinie entfernt sich nach Ospizio Bernina weit von der Paßstraße und folgt dem alten Saumweg über Alp Grüm und Cavaglia nach Poschiavo. Zunächst reich an Aussichten am Ufer des Lago Bianco entlang führend, beginnt am südlichen Ende des Sees – mit 70 Promille Gefälle – für die Züge der eigentliche Abstieg ins Puschlav. Nachdem mehrere Galerien durchfahren sind, die zum Schutz gegen Lawinen und Schneeverwehungen errichtet wurden, kommen Palü-Gletscher und Piz Varaun in das Blickfeld der Reisenden. Beliebtes Ausflugsziel ist Alp Grüm mit seiner Panoramaaussicht auf den zum Greifen nahen Palü-Gletscher und ins Puschlav mit den Bergamasker Alpen.

Insgesamt sechs 180°-Kehrschleifen führen an den Abhängen von Alp Grüm entlang zum knapp 400 m tiefer gelegenen Cavaglia hinab, das in einer Talstufe liegt. Bei Puntalta verläßt die Strecke in der engen Cavagliasco-Schlucht den Talkessel. Immer wieder bietet die Bahn den Reisenden herrliche Aussichten ins Puschlavtal bei der Fahrt durch Wälder und über mehrere Kehrschleifen zum Talboden nach Poschiavo.

Der Hauptort des Puschlav begeistert durch sein von südlicher Architektur geprägtes Ortsbild. Für die Berninabahn ist Poschiavo das Betriebszentrum auf der Südseite. Hier befinden sich das Lokomotivdepot und die Werkstätte für die Fahrzeugunterhaltung. Hinter Poschiavo führen Bahnlinie und Straße wieder gemeinsam durchs Tal. In San Antonio und Le Prese wird die Hochgebirgsbahn zur „Straßenbahn" und benützt gemeinsam mit dem Autoverkehr die Straße. Die Strecke führt, nach dem Ferienort Le Prese, den Lago di Poschiavo (Puschlaver See) entlang nach Miralago. Die Trasse verläuft danach im 70-Promille-Gefälle, zum Teil auf Hangmauern, nach Brusio, dem letzten größeren schweizerischen Ort vor der italienischen Grenze.

Die unterhalb von Brusio gelegene berühmte Kreiskehre ist ein letzter „Höhepunkt" der Fahrt. Die Bahn überwindet hier durch die frei in die Landschaft gebaute Schleife einen Höhenunterschied von etwa 20 m.

Zwischen Gärten, Wiesen, Wäldern und Geröllhalden fährt die Berninabahn zum Schweizer Grenzort Campocologno. Nach kurzer Fahrt erreicht der Zug das Veltlin und die Stadtgrenze von Tirano. Streckenweise auf der Straße, rollt er zum Bahnhof, der für die Berninabahn Endstation ist. Reisende können jedoch mit Zügen der Italienischen Staatsbahnen (FS) nach Sondrio – Milano oder im RhB-Bus nach Lugano weiterfahren.

Triebfahrzeuge der Berninabahn

Serie	Betriebs-Nr.	Baujahr (Umbau)	Lieferant	Höchstgeschwindigkeit (km/h)	Bemerkungen
ABe 4/4	30	1911 (1953)	SIG/SAAS	55	BB-Nr.22
ABe 4/4	31-32	1908 (1946)	SIG/Alioth	55	BB-Nr.1 und 2
ABe 4/4	34	1908 (1964)	SIG/Alioth	55	BB-Nr. 4
ABe 4/4	35	1908 (1949)	SIG/Alioth	55	BB-Nr. 10
ABe 4/4	36-37	1909 (1950/51)	SIG/Alioth	55	BB-Nr.14 u. 12
ABDe4/4	38	1911 (1949)	SIG/SAAS/MFC	55	BB-Nr. 21
ABe 4/4	41-45	1964	SWS/SAAS/BBC	65	
ABe 4/4	46	1965	SWS/SAAS/BBC	65	
ABe 4/4	47-49	1972	SWS/SAAS/BBC	65	
ABe 4/4	51-53	1988	SWA/ABB	65	
ABe 4/4	54-56	1990	SWA/ABB	65	
De 2/2	151	1909 (1961/82)	SIG/Alioth	45	
Ge 2/2	162-162	1911	SIG/Alioth	45	
Gem 4/4	801-802	1968	SLM/BBC/MFO	65	Zweikraftlokomotive
X rot d	9213	1910	SLM		Dampfschneeschleuder
Xe 4/4	9920	1908	SIG/Alioth	55	BahndienstwagenBB-Nr.9

Daten zur Berninabahn

Strecke	St. Moritz – Pontresina – Bernina – Poschiavo – Tirano (Italien); Länge: 60,690 km
Stromart:	Gleichstrom
Spannung:	1000 V
Tiefster Punkt	
Nordseite:	1716 m ü.M., Celerina Staz
Südseite:	429 m ü.M., Tirano
Höchster Punkt:	2253 m ü.M., Ospizio Bernina (Bernina-Hospiz)
Maximale Steigung:	70 Promille
Fusion:	1. 1. 1943 Übernahme der Berninabahn (BB) durch die Rhätische Bahn
Baubeginn:	1906
Betriebseröffnung:	Celerina Staz – Bernina-Suot 1908
	Poschiavo – Tirano 1908
	Bernina-Suot – Ospizio Bernina 1909
	St. Moritz – Celerina Staz 1909
	Ospizio Bernina – Poschiavo 1910

Rechte Seite: Ein Blick auf St. Moritz – Ausgangspunkt der Berninabahn –, St. Moritzer See, Stazer Wald und die Bergkette von Piz Murael und Piz Languard. Die Gleisanlagen der Rhätischen Bahn und das Empfangsgebäude sind hinter dem Kirchturm zu erkennen.

Linke Seite: Der Bahnhof von St. Moritz ist für die Rhätische Bahn Ausgangs- und Endpunkt mehrerer Eisenbahnlinien. Von Chur her endet hier die Albulastrecke, und die Züge nach Scuol-Tarasp verbinden das Ober- mit dem Unterengadin. Die früher selbständige Berninabahn, seit 1943 zur RhB gehörend, beginnt im berühmten Kurort und führt über den Berninapaß ins Puschlav und nach Tirano in Italien. Das von den übrigen Linien abweichende Stromsystem läßt keinen Übergang von elektrischen Triebfahrzeugen zu. Die getrennten Bahnhofsanlagen sind durch ein fahrdrahtloses Gleis miteinander verbunden. Im Bild verlassen gerade zwei ABe-4/4-Triebwagen den Bahnhof St. Moritz in Richtung Pontresina. Links ist der nächste Zug nach Tirano bereitgestellt und im Hintergrund, im Wechselstrombereich des Bahnhofes, Züge nach Chur und Scuol-Tarasp.

Rechts: Die erste Eisenbahnbrücke, die den Inn auf seinem 510 km langen Weg bis zur Mündung in die Donau überspannt, schließt unmittelbar an die Bahnhofsanlagen von St. Moritz an. Der von Tirano kommende Triebwagen ABe 4/4 „Diavolezza" hat nur noch wenige Meter zu fahren. (14. 12. 1991)

Oben: Nördlich des Berninapasses ist Celerina Staz der tiefste Punkt (1716 m ü.M.), den die Strecke erreicht. Für den einfahrenden Zug ist die Station mit dem schönen Bahnhofsgebäude aus Holz erster Halt seit St. Moritz (25. 4. 1987). Aufnahme: Cornelius Fader

Rechte Seite: Am Stazer Wald, kurz nach Celerina Staz, entstand die Aufnahme eines in Richtung Pontresina fahrenden Zuges.

Oben: Ein schöner Blick bietet sich den Reisenden bei Celerina auf die romanische Kirche San Gian. Der große Turm verlor bei einem Blitzschlag 1682 seinen Spitzhelm. Sehenswerte Wand- und Deckenmalereien empfehlen einen Besuch. Die Kirche ist im Sommer tagsüber offen. Sollte doch geschlossen sein, ist der Schlüssel im Verkehrsbüro erhältlich (16. 8. 1991).

Rechte Seite: Aussicht von Punt Muragl auf den Stazer Wald mit Piz Albana und Piz Julier im Hintergrund. Zwei aus der Anfangszeit der Berninabahn stammende Triebwagen ABe 4/4 sind mit einem Lokalzug nach Alp Grüm unterwegs. Im Vordergrund die von Samedan herführende Verbindungslinie, die in Pontresina auf die Berninabahn trifft (3. 10. 1991).

12

Linke Seite: Wichtigster Bahnhof und Betriebsmittelpunkt auf der Nordseite ist Pontresina. Auch hier schließt das Stammnetz der RhB über die Zweiglinie von Samedan an die Berninabahn an. In der Bildmitte ein zur Abfahrt bereiter Zug nach Tirano. Links davon zwei Triebwagen ABe 4/4 und eine Zweikraftlokomotive Gem 4/4. Rechts ist im Wechselstrombereich der Triebwagen ABe 4/4 503 zu erkennen (11. 4. 1985).

Oben: Im Güterverkehr nach Tirano wird vor allem Holz transportiert. Zwischen abgestellten Wagen, die normalerweise mit fahrplanmäßigen Personenzügen weiterbefördert werden, warten die zwei alten Triebwagen ABe 4/4 31 und 32, um kurz danach als Lokalzug 417 nach Alp Grüm zu fahren (30. 9. 1990).

15

Eines der berühmten „Krokodile" der Rhätischen Bahn hatte am 30. 9. 1990 die Aufgabe, den Bernina-Express von Samedan nach Pontresina zu befördern. Im oberen Bild ist Ge 6/6 412 mit dem Zug eingefahren. Zwei der modernen Bernina-Triebwagen warten, um die Wagenkomposition zu übernehmen. Bei der Aufnahme rechts ist das „Krokodil" auf ein Abstellgleis vorgefahren. Nachdem der Fahrdraht über dem Gleis 3 von 11000 Volt Wechselspannung auf 1000 Volt Gleichspannung umgeschaltet wurde, fahren nun die beiden Triebwagen zurück, um an den Bernina-Express anzukuppeln.

Linke Seite: Nach der Ausfahrt aus Pontresina überquert die Bahn den Roseggbach auf einer steinernen Brücke, unter der im Winter die vielbenutzte Langlaufloipe hindurchführt (15. 12. 1991).

Rechts: Zwischen Surovas und Morteratsch ist der Bernina-Express unterwegs (15. 12. 1991).

Linke Seite: Mit einem kurzen Zug eilt Triebwagen 41 durch das herbstlich trübe Berninatal (27. 10. 1991).

Rechts: Zugkreuzung in Morteratsch. Das Stationsgebäude hat wenig mit dem traditionellen Engadiner Baustil gemeinsam. Vom lebhaften Ausflugsverkehr, der während der Saison hier herrscht, ist an diesem trüben Herbsttag nichts zu sehen (27. 10. 1991).

Linke Seite: Ein vom Berninapaß kommender Zug überquert die Stahlbrücke über den Morteratsch-bach. Beim Hotel Morteratsch (links im Bild) endet im Winter die bekannte Skiabfahrt von Diavolezza über den Pers- und Morteratsch-Gletscher. Im Sommer ist hier der Ausgangspunkt für herrliche Spaziergänge, Wanderungen und Bergtouren (15. 12. 1991).

Rechts: Oberhalb von Morteratsch wird in der Montebello-Kurve die Aussicht auf das berühmte Bernina-Panorama frei. Über dem Zug von links nach rechts die Gipfel von Bellavista, Crast' Agüzza, Piz Bernina und Piz Morteratsch (28. 8. 1983).

Links: Eisenbahn und Velo, zwei umweltfreundliche Verkehrsmittel, zur frühen Morgenstunde zwischen Montebello-Kurve und Bernina-Suot (17. 8. 91).

Rechte Seite: In Bernina-Suot führte zum Zeitpunkt der Aufnahme am 23. 8. 90 noch die stark befahrene Paßstraße zwischen Stationsgebäude und Schienen hindurch. Inzwischen wurde die Straße verlegt und die Gleisanlage umgebaut. Leider soll auch das charakteristische Empfangsgebäude abgebrochen und durch einen „modernen Zweckbau" ersetzt werden.

Linke Seite: Eine bunte Zusammenstellung von Triebfahrzeugen und Wagen bilden meistens den werktags verkehrenden gemischten Zug 435. Am 21. 8. 1990 waren hinter der Zweikraftlokomotive Gem 4/4 801 und dem Triebwagen ABe 4/4 54 Personen-, Aussichts- und Güterwagen eingereiht. Die interessante Zugkomposition wurde bei Lagalb aufgenommen.

Rechts: Kurzer Halt für Triebwagen ABe 4/4 44 in Lagalb (16. 8. 1983).

Oben: Bei starkem Schneefall, oder wenn bei stürmischen Winden Schneeverwehungen entstehen, werden manchen Zügen Spurpflüge vorgestellt, um die Strecke offen zu halten. In Lagalb stand ein solcher Zug am 13. 2. 1991 vor der Kulisse des Piz Alv zur Abfahrt bereit.

Rechte Seite: Paßaufwärts verläßt ein Zug Lagalb. Im Hintergrund ist die Talstation der Luftseilbahn Diavolezza und eine hochschwebende Großkabine zu erkennen (14. 2. 1991).

Züge auf der unteren Berninabach-Brücke zeigen die Aufnahmen dieser beiden Seiten. Oben strebt der Bernina-Express, von Pontresina kommend, der Paßhöhe entgegen (23. 8. 1990). Auf der rechten Seite fährt vor dem Winterpanorama von Piz d'Arlas, Piz Palü und Piz Trovat ein Zug talwärts (13. 2. 1991).

Linke Seite: Einer der neuen Triebwagen mit Drehstromantriebstechnik ist mit einem kurzen Zug oberhalb von Lagalb nach Ospizio Bernina unterwegs (15. 12. 1991).

Rechts: Noch beeindruckender als im Sommer ist im Winter eine Fahrt mit der Eisenbahn durch die tiefverschneite Landschaft am Berninapaß. Bei der Alp Bondo, unterhalb des Munt Pers, unterbricht der vorbeifahrende Bernina- Express nur wenige Minuten die Stille in der grandiosen Landschaft (13. 2. 1991).

Linke Seite: An den kürzesten Tagen im Jahr erreicht die Nordostseite des Piz d'Arlas keine Sonne. Um so besser hebt sich der im Streiflicht leuchtende Zug vom Hintergrund ab (15. 12. 1991).

Oben: Vor dem Massiv des Piz Alv überquert der Bernina-Express am 26. Januar 1991 die obere Berninabach-Brücke.

Herbststimmung am Berninapaß bei Alp Bondo. Auf der linken Seite der damals ganz neue Triebwagen ABe 4/4 55 mit einem Zug nach Tirano. Oben ein von Süden kommender Zug vor der Kulisse des Piz Lagalb (29. 9. 1990).

Links: Streckenabschnitte, die im Winter durch starke Schneeverwehungen gefährdet sind, werden durch Galerien geschützt. Der Triebwagen ABe 4/4 55 wurde beim Verlassen der 175 m langen Arlas-Galerie aufgenommen (26. 1. 1991).

Rechte Seite: Schon über 2200 m Höhe haben die in Doppeltraktion fahrenden ABe-4/4-Triebwagen mit ihrem Zug oberhalb der Arlas-Galerie erreicht. Den Hintergrund bilden die Bergkämme von Piz Trovat und Munt Pers (12. 2. 1991).

Linke Seite: Blick auf die Linienentwicklung im oberen Berninatal mit Diavolezza und Munt Pers im Hintergrund. Ursprünglich führte der Schienenstrang von Bernina-Suot neben der Paßstraße her zum Lej Nair. Da die Strecke am Fuße des Piz Lagalb stark durch Lawinen gefährdet war, wurde dieser Teilabschnitt 1934 verlegt und führt seither in einer großen Schleife über die Alp Bondo (4. 10. 1991).

Rechts: Am dunkel schimmernden Lej Nair vorbei, streben ein alter und ein neuer Triebwagen mit einem durch holzbeladene Rungenwagen ausgelasteten Zug der Paßhöhe entgegen (24. 8. 1990).

Oben: An schönen Tagen sind in manchen Zügen Aussichtswagen eingereiht, die beim Publikum großen Anklang finden. Gleich mehrere gut besetzte Aussichtswagen führt ein bei Ospizio Bernina den Lago Bianco entlang fahrender Ausflugszug mit sich (21. 7. 1986).

Rechte Seite: Eine schöne Aussicht bietet sich vom Piz Lagalb auf die Paßhöhe mit ihren Seen und auf die Berninabahn. In Bildmitte der Lago Bianco, an dessen Ostufer die Strecke und die Bahnanlagen von Ospizio Bernina zu erkennen sind. Am westlichen Ufer ragt der 3604 m hohe Piz Cambrena mit seinen Gletschern empor (4. 10. 1991).

Vorhergehende Seite: Dreifachtraktion am Lago Bianco. Die beiden im Jahre 1908 gebauten Triebwagen ABe 4/4 31 und 32 führen gemeinsam mit dem jüngsten Triebwagen, dem 1990 in Dienst gestellten ABe 4/4 56 einen Zug von Ospizio Bernina nach Pontresina (30. 9. 1990).

Die vom gleichen Standpunkt aus aufgenommenen Bilder dieser beiden Seiten lassen erkennen, daß sich eine Reise mit der Berninabahn zu jeder Jahreszeit lohnt. Der Blick geht von der Paßstraße in Richtung Diavolezza und Munt Pers.

Linke Seite: Nur am frühen Morgen ruhen manchmal die Paßwinde. Nur dann ist es möglich, am Lago Bianco eine stimmungsvolle Aufnahme mit einem sich spiegelnden Zug zu machen (24. 8. 1990).

Rechts: Mit einem kurzen Zug eilt Triebwagen „Brusio" bei Ospizio Bernina am Seeufer entlang. Erster Schnee bedeckt die am gegenüberliegenden Ufer aufragenden Gipfel von Piz Cambrena und Piz d' Arlas (5. 10. 1991).

Linke Seite: Nur kurz in der Sonne zeigt sich der von Ospizio Bernina in Richtung Pontresina ausfahrende Triebwagen ABe 4/4 44 (23. 8. 1990).

Oben: Ein von St. Moritz kommender Zug hat den Paßanstieg bewältigt und fährt in Ospizio Bernina ein. Rechts der im Sommer hier häufig im Rangierdienst tätige Gepäcktriebwagen De 2/2 151 (23. 8. 1990).

51

Linke Seite: Ein Zug aus St. Moritz erreicht den Scheitelpunkt der Strecke: Ospizio Bernina. Die Station in 2253 m ü.M. ist der höchstgelegene Bahnhof in Europa, den Züge im Adhäsionsbetrieb erreichen. Einen Platz in der wärmenden Sonne kann der Wirt des Bahnhofsbuffets seinen Gästen bereits Ende April anbieten (24. 4. 1987).
Oben: Die zweisprachige Bahnhofsbezeichnung – deutsch Bernina-Hospiz, italienisch Ospizio Bernina (die offizielle Bezeichnung) – erinnert daran, daß hier die Sprachgrenze zum italienisch sprechenden Puschlav ist. Im Sommer ist Ospizio Bernina Ausgangs- und Endpunkt für zahlreiche Wanderungen und Bergtouren. Mit dem Ausflugszug 478, Alp Grüm – St.Moritz, fahren am Nachmittag des 16. 8. 1991 die beiden alten Triebwagen ABe 4/4 32 und 31 in die Station ein.

Die Härte und Widrigkeit des Winterbetriebes zeigen die Bilder dieser und der nächsten Seiten, die in Ospizio Bernina aufgenommen wurden. Ein Tiefdruckgebiet brachte am 10. 2. 1991 reichlich Schneefall. Es mußten deshalb Räumfahrzeuge eingesetzt werden. Linke Seite und oben: Mit vorgestellten Spurpflügen kämpfen sich an diesem Tag die Züge zur hochgelegenen Station hindurch. Von der eisigen Kälte spüren die in den gut geheizten Wagen sitzenden Reisenden nichts. Beide Aufnahmen: Cornelius Fader

Linke Seite: Um die Paßstrecke offen zu halten, ist den ganzen Tag die von einer Zweikraftlokomotive geschobene Schneeschleuder X rot et 9218 im Einsatz. Nachdem die Gleisanlagen in Ospizio Bernina freigeräumt sind, gibt es für die Mannschaft im Bahnhofsbuffet eine kurze Kaffeepause (10. 2. 1991). Aufnahme: Cornelius Fader

Oben: Die häufigen Stürme haben den Schnee an Fenster und Türen des Empfangsgebäudes geweht. Es ist kaum zu glauben, daß hier in der wärmeren Jahreszeit Tische und Stühle zum Genuß von Speisen und Getränken einladen (10. 2. 1991). Aufnahme: Cornelius Fader

Nach starken Schneefällen setzt sich ein stabiles Hochdruckgebiet durch und bringt strahlenden Sonnenschein. Für die Räummannschaft ist die Arbeit jedoch noch nicht zu Ende, denn die zur Seite geschleuderten Schneemassen stören im Bahnhofsbereich. Die weiße Pracht wird auf Güterwagen geschaufelt und außerhalb der Station an einer günstigen Stelle wieder abgeladen. Mit zwei beladenen Niederbordwagen steht Triebwagen ABe 4/4 48 am 14. 2. 1991 in Ospizio Bernina.

Von Tirano kommend, erreicht ein mit Triebwagen 55 bespannter Zug Ospizio Bernina. Während dessen wartet Triebwagen 48 mit seinen beladenen Wagen, um kurz danach die weiße Last aus dem Bahnhof hinauszufahren. Im Gebäude rechts im Hintergrund ist eine Drehscheibe eingebaut, auf der die heute nur noch selten zum Einsatz kommende Dampfschneeschleuder gewendet werden kann (14. 2. 1991).

Nur wenige Meter liegen die Standpunkte der Aufnahmen dieser beiden Seiten voneinander entfernt. Auf der linken Seite passiert ein von Campocologno kommender Zug die Einfahrt von Ospizio Bernina. Oben verlassen in Gegenrichtung die beiden alten Triebwagen 31 und 32 die Station, um als Ausflugszug 417 nach Alp Grüm zu fahren (beide Aufnahmen 20. 8. 1990).

Links: Zwei ABe-4/4-Triebwagen ziehen einen aus Italien kommenden Zug am Lago Bianco entlang (19. 8. 1990).

Rechte Seite: Auf einer einfachen Stahlbrücke überquert der Bernina-Express eine kleine Bucht des Lago Bianco. Früher lag hier das Gleis in einer Kurve seitlich am Hang, und der Zugverkehr war ständig durch Schneeverwehungen gefährdet. Um dies auszuschließen, wurde im Jahre 1949 die Brücke gebaut. Seither bläst der Wind an dieser Stelle die Strecke vom Schnee frei (3. 10. 1991).

Oben: Silbern glänzt der Lago Bianco am frühen Morgen des 5. 10. 1991 als die beiden Triebwagen 45 und 46 mit einem kurzen Zug nach Ospizio Bernina eilen.

Rechte Seite: Ein herrlicher Wanderweg verläuft neben der Bahnlinie am See. Dem Wanderer bieten sich immer wieder neue, überraschende Ausblicke auf See, Bahn und Landschaft. Ein Zug nach Tirano verläßt Ospizio Bernina und fährt am See entlang zur nächsten Station Alp Grüm (19. 8. 1990).

Links: Die ältesten bei der Berninabahn eingesetzten Triebwagen sind ABe 4/4 31 und 32. Ursprünglich zur Streckeneröffnung 1908 als BCe 4/4 1 und 2 in Betrieb genommen, versehen sie nach mehreren Umbauten, unter anderem für Vielfachsteuerung, bis heute ihren Dienst. Mit einem Ausflugszug sind die beiden Oldtimer am 19. 8. 1990 von Alp Grüm nach Ospizio Bernina unterwegs.

Rechte Seite: Der Lago Bianco (Weißer See) ist nach der Farbe des ihn füllenden Gletscherwassers benannt. Den seltenen Anblick in einem kräftigen Blau bietet der See den Reisenden des Zuges 415 nach Tirano am 5. 10. 1991.

Linke Seite: In der kargen Felslandschaft zwischen Lago Bianco und Scalatunnel bildet der vorbeirollende Bernina-Express einen angenehmen Farbkontrast (19. 8. 1990).
Oben: Früher bot die am Felsabsturz zum Val Pila gelegene Scalaschleife einen ersten grandiosen Ausblick ins Puschlav. Die enge Schleife wurde bereits 1924 durch eine gerade Linienführung abgekürzt, blieb aber für den Sommerbetrieb noch bis 1941 erhalten. Im Bild passiert ein vom Puschlav kommender Zug die frühere Schleife, deren Trasse am linken Bildrand zu sehen ist (19. 8. 1990).

Linke Seite: Immer wieder ein besonderes Erlebnis ist bei schönem Wetter eine Fahrt über den Berninapaß in einem der offenen Aussichtswagen. Mit einer bunten Wagengarnitur fährt Triebwagen ABe 4/4 54 an der früheren Scalaschleife vorbei, um wenige Meter danach in der Galleria Lunga zu verschwinden (23. 8. 1990).

Rechts: Bespannt mit der Zweikraftlokomotive Gem 4/4 801 und dem Triebwagen ABe 4/4 54 rollt der werktags verkehrende gemischte Zug 435 auf dem die Scalaschleife ersetzenden Damm Alp Grüm entgegen (22. 8. 1990).

Oben: Den Ausflugszug 417 von St. Moritz nach Alp Grüm bilden die beiden alten Triebwagen 31 und 32, die kurz vor ihrem Ziel unterhalb des Dragotunnels zu sehen sind (19. 8. 1990).

Rechte Seite: Nach dem Dragotunnel kommen Piz Varaun und Palü-Gletscher in das Blickfeld. Ein nach Alp Grüm fahrender Ausflugszug spiegelt sich im Drachenloch, das nur nach der Schneeschmelze oder starken Regenfällen mit Wasser gefüllt ist (5. 10. 1991).

Linke Seite: Vor der Kulisse des Palü-Gletschers ziehen gemeinsam ein alter und ein neuer Triebwagen einen kurzen Zug den 70-Promille-Anstieg zum Lago Bianco hinauf (22. 8. 1990).

Rechts: Im Fahrplan 1990/91 verkehrte, vom 15. Dezember bis 7. April, unter der Zug-Nr. 417 ein Wintersportzug von St. Moritz bis zur Alp Grüm. Nur noch der allein fahrende Triebwagen ABe 4/4 51 kommt am 12. 2. 1991 am Ziel an. Die Wagen sind in Ospizio Bernina zurückgeblieben.

Oben: Die 2090 m ü. M. gelegene Station Alp Grüm ist im Sommer das Ziel zahlreicher Wanderer und Urlauber. Hier kann man eine der vielen möglichen Wanderungen beginnen oder einfach die Aussicht auf die grandiose Bergwelt genießen. Für die Berninabahn ist Alp Grüm wichtiger Kreuzungspunkt und zugleich Endpunkt einiger Ausflugszüge von St. Moritz her. Mit Triebwagen 53 an der Spitze, ist gerade ein Zug aus St. Moritz eingefahren. Der wartende Gegenzug fährt nach dessen Einfahrt sofort an und verläßt die Station (22. 8. 1990).

Rechte Seite: Direkt an die Station schließt sich die berühmte Panoramakurve von Alp Grüm an. Die in einem Radius von 45 m angelegte Hufeisenkurve präsentiert sich im Bild mit einem langen, ins Puschlav fahrenden Zug (19. 8. 1990).

Schneidende Kälte und ein scharfer Nordwind ließen trotz Sonne am 13. 2. 91 das Fotografieren zur Qual werden. Die Berninabahn kämpfte an diesem Tag vor allem gegen Schneeverwehungen und mußte Spurpflüge und Schneeschleuder einsetzen. Im Bild oben ist mit vorgestelltem Spurpflug ein Zug in Alp Grüm eingefahren. Mit welcher Kraft der Wind den Schnee vor sich her bläst, verdeutlicht die Stirnfront des Triebwagens. Das Bild auf der rechten Seite zeigt die von einer Zweikraftlokomotive geschobene Schneeschleuder X rot et 9218, die in Alp Grüm eintrifft, nachdem sie die Strecke von Schneeverwehungen befreit hat. Erst jetzt kann der seit einer halben Stunde wartende Zug seine Fahrt nach Ospizio Bernina fortsetzen.

Linke Seite: Alp Grüm mit dem 3032 m hohen Sassal Mason im Hintergrund (13. 2. 1991).

Oben: Vor dem Panorama der Berge des Val da Camp verlassen die Triebwagen ABe 4/4 45 und 42 Alp Grüm, um den Abstieg zum rund 400 m tiefer gelegenen Cavaglia zu beginnen (13. 2. 1991).

Linke Seite: Die Linienentwicklung bei Alp Grüm mit ihren Schleifen und Galerien läßt sich gut vom gegenüberliegenden Berghang aus betrachten. In der Station steht ein zur Rückfahrt nach St. Moritz bereitgestellter Triebwagen. Auf der untersten Schleife ist der Bernina-Express zu seinem nächsten Halt in Poschiavo unterwegs (19. 8. 1985).

Folgende Doppelseite: Die Streckenentwicklung im Val Pila von der Alp Prairol aus gesehen (5. 10. 1991).

Rechts: Zwei alte Triebwagen ziehen bei Stablini einen Zug die Steigung hinauf (19. 8. 1985).

Oben: Bei La Dota führen die beiden alten Triebwagen ABe 4/4 34 und 30 einen Ausflugszug Alp Grüm entgegen (27. 7. 1986).

Rechte Seite: Mit einem gut besetzten Zug fahren die beiden Triebwagen ABe 4/4 42 und 44 am 5. 10. 1991 auf dem in einer Kurve liegenden Viadukt über den Pila-Bach (Aqua da Pila).

Linke Seite: Die Zweikraftlokomotive Gem 4/4 und ein neuer Triebwagen ABe 4/4 haben mit einem gemischten Zug den Talboden von Cavaglia fast erreicht (5. 10. 1991).

Oben: In einer weiten Talstufe liegt Cavaglia, dessen Name an die frühere Pferdewechselstation erinnert (19. 8. 1990).

Linke Seite: Im Winter ist die Berninabahn für die Bewohner des Weilers Cavaglia oft die einzige Verbindung zur Außenwelt. So wird auch am 12. 2. 1991 der verspätete Zug 415 von einigen Einwohnern erwartet, die zu einer Einkaufsfahrt nach Poschiavo einsteigen wollen.

Oben: Der erste Teil des Anstieges von Poschiavo zur Paßhöhe liegt hinter den in Cavaglia einfahrenden Triebwagen ABe 4/4 34 und 30 (14. 7. 1986).

Linke Seite: Nachdem die beiden alten Triebwagen den 54 m langen Puntaltotunnel durchfahren haben, passieren sie eine Felswand, um kurz danach in den Talkessel von Cavaglia einzubiegen (21. 8. 1985).

Rechts: Kurven, Schleifen und Felsdurchbrüche prägen das Bild der Strecke unterhalb von Cavaglia. ABe 4/4 46 rollt mit einem Zug talwärts (27. 7. 1987).

Zwischen Cavaglia und Privilasco entstanden die Aufnahmen dieser beiden Seiten am 10. 2. 1991. Sie zeigen, wie sich bei starkem Schneetreiben Zug 441 mit vorgestelltem Spurpflug seinen Weg ins Puschlavtal bahnt.

Links: In einer geologisch unstabilen Zone führt zwischen Cadera und Privilasco die Strecke zweimal über die Cavagliascoschlucht. Der obere Viadukt wurde durch den Bergdruck deformiert und wird deshalb durch eine neue, talseitig davorgebaute Brücke umfahren. Das Bild zeigt einen bergwärts fahrenden Zug auf dem unteren Cavagliascoviadukt. Darüber ist die 1989 erstellte neue Brücke zu erkennen (4. 10. 1991).

Rechte Seite: Nur 20 m kurz ist der Cavagliascotunnel, an den sich unmittelbar der untere Viadukt anschließt. Während der Triebwagen eines nach St. Moritz fahrenden Zuges schon auf dem Viadukt fährt, ist der letzte Wagen noch hinter dem Tunnel sichtbar (4. 10. 1991).

Links: Talwärts rollend verläßt Triebwagen ABe 4/4 41 die „Galleria Cavagliasch" (4. 10. 1991).

Rechte Seite: Langsam arbeiten sich zwei Triebwagen ABe 4/4 mit ihrem Zug die 70-Promille-Steigung nach Cadera hinauf. Im Vordergrund die 1613 erbaute Barockkirche San Carlo Borromeo (4. 10. 1991).

Linke Seite: Namen und Fahrtziel stimmen bei Triebwagen ABe 4/4 51 „Poschiavo" überein, der bei Privilasco auf heimatlichem Boden Poschiavo entgegenstrebt (11. 2. 1991).

Oben: Poschiavo, der Hauptort des Tales, glänzt mit seinen schönen Kirchen, Plätzen und stolzen Bürgerhäusern. Am Rande des tiefverschneiten Ortes legt ein vom Berninapaß kommender Zug die letzten Meter zum Bahnhof zurück (11. 2. 1991).

Linke Seite: Ein von St. Moritz kommender, gemischter Zug nähert sich Poschiavo. Erst an der Bahnhofseinfahrt endet die Maximalneigung von 70 Promille. Rechts wartet die Rangierlokomotive Ge 2/2 162 auf Arbeit (3. 10. 1991).

Oben: Die beiden Triebwagen 43 und 45 haben bereits die Bahnhofsebene erreicht, während sich die Wagen noch im Gefälle befinden (22. 8. 1990).

Oben: Das Betriebszentrum auf der Südseite der Berninabahn, mit Lokomotivdepot und Fahrzeugwerkstatt, befindet sich in Poschiavo. Während der Sommersaison ist der Ort mit seinem südlichen Straßenleben das Ziel vieler Touristen und Reisegruppen. Im Bild fährt ein Zug nach Tirano in den Bahnhof ein. Die Werkstatt und das Depot sind im links sichtbaren Gebäude untergebracht (15. 7. 1986).

Rechte Seite: Die beiden 1911 gebauten Lokomotiven Ge 2/2 161 und 162 dienten früher dem Vorspanndienst auf der Südseite. Heute sind sie fast ausschließlich als Rangierlokomotiven in Poschiavo und Campocologno eingesetzt. Mit drei Zementtransportwagen, die auch als „Mohrenköpfe" bezeichnet werden, rangiert Ge 2/2 161 am 22. 8. 1990 in Poschiavo.

Im Winter erschwert und behindert oft starker Schneefall den Betrieb auf der Berninabahn. Die Aufnahmen dieser und der beiden folgenden Seiten geben Einblick in die Betriebsverhältnisse, die am 10. 2. 1991 in Poschiavo herrschten. Im linken Bild erreicht ein von Tirano kommender Zug den Bahnhof. Auf Gleis 1 stehen die vom Gegenzug abgekuppelten Wagen bereit, um mit dem einfahrenden Zug zurück über den Berninapaß ins Engadin zu fahren. Das obere Bild zeigt einen Zug, der nach beschwerlicher Paßfahrt auf Gleis 2 zum Stillstand kommt.

Linke Seite: Gezeichnet von der stapaziösen Fahrt über den Berninapaß, ist Triebwagen ABe 4/4 52 in Poschiavo eingetroffen.
Oben: Gepäcktriebwagen De 2/2 151 stellt den vom eingefahrenen Zug abgekuppelten Spurpflug für den Gegenzug bereit. Vor dem Depot wartet die Schneeschleuder X rot et 9219, zusammen mit einem ABe-4/4-Triebwagen, auf den nächsten Einsatz. Aufnahme: Cornelius Fader

Linke Seite: Die am Vortag gefallenen Schneemassen werden so bald wie möglich aus dem Bahnhofsbereich entfernt. Diese Aufgabe führt De 2/2 151 mit einem Niederbordwagen durch (11. 2. 1991).

Oben: Oberhalb des Bahnhofes verteilt die Räummannschaft den Schnee am Damm (11. 2. 1991).

Linke Seite: Bei schönstem Sonnenschein verläßt der nur schwach besetzte Bernina-Express das verschneite Poschiavo in Richtung Tirano (11. 2. 1991).

Rechts: Holzbeladene Rungenwagen hat der Triebwagen ABe 4/4 44 am Haken, als er bei San Antonio durch die Winterlandschaft eilt (11. 2. 1991).

Linke Seite: Berninabahn und Autoverkehr zwängen sich in San Antonio zwischen Kirche und Wohnhaus hindurch. Nähert sich ein Zug, so sperrt seit einigen Jahren eine Blinklichtanlage die enge Durchfahrt für den Straßenverkehr. Dicht an den Wohnhäusern entlang fahrend, passiert ein aus dem ·Veltlin kommender Zug die schmale Stelle (17. 8. 1991).

Rechts: In der Haltestelle Li Curt ist neben einem Warteraum auch die Poststelle untergebracht. Pünktlich bringt die Berninabahn am Morgen Briefe und Pakete für die umliegenden Orte (15. 2. 1991).

Links: Früher fuhren die Züge zwischen San Antonio und Miralago wie eine Straßenbahn in Rillenschienen auf der Straße. Heute liegt die Strecke außerhalb von San Antonio und Le Prese auf eigenem Bahnkörper. Im Bild fährt, nach kurzem Halt in Li Curt, ein Zug talwärts weiter nach Le Prese (25. 7. 1986).

Rechte Seite: Nur selten werden die offenen Aussichtswagen über Poschiavo hinaus bis nach Tirano eingesetzt. Gleich mit drei gut besetzten Panoramawagen sind zwei alte Triebwagen am späten Nachmittag des 17. 8. 1991 bei Annunziata nach Süden unterwegs.

Links: Mit Güterwagen sind zwei Triebwagen ABe 4/4 auf dem Weg nach Poschiavo. Im Hintergrund Prada mit seinem südlich geprägten Ortsbild (25. 7. 1986).

Rechte Seite: In Le Prese wird die Gebirgsbahn zur Straßenbahn. An hübschen Villen vorbei rollt ein Zug nach Tirano durch den Ferienort (17. 8. 1991).

Linke Seite: Ein von Po-
schiavo her kommender
Zug erreicht die an der
Hauptstraße im Ort gele-
gene Haltestelle Le Prese
(3. 10. 1991).

Rechts: Triebwagen
ABe 4/4 46 zieht einen
Zug am Ufer des Lago di
Poschiavo (Puschlavsee)
entlang nach Miralago.
Zwischen Schienenstrang
und See ist ein Streifen
der früheren Kantons-
straße zu sehen (13. 7.
1986).

Linke Seite: Ein von St. Moritz kommender Zug verläßt am 15. 2. 1991 den verschneiten Bahnhof Brusio.
Oben: In einer doppelten Schleife erreicht die Bahn Brusio, neben Poschiavo zweite Gemeinde des Tales. Oberhalb der Station strebt auf der mittleren Ebene ein Zug dem nächsten Halt in Miralago entgegen. Links im Hintergrund ist die berühmte Kreiskehre zu erkennen (15. 2. 1991).

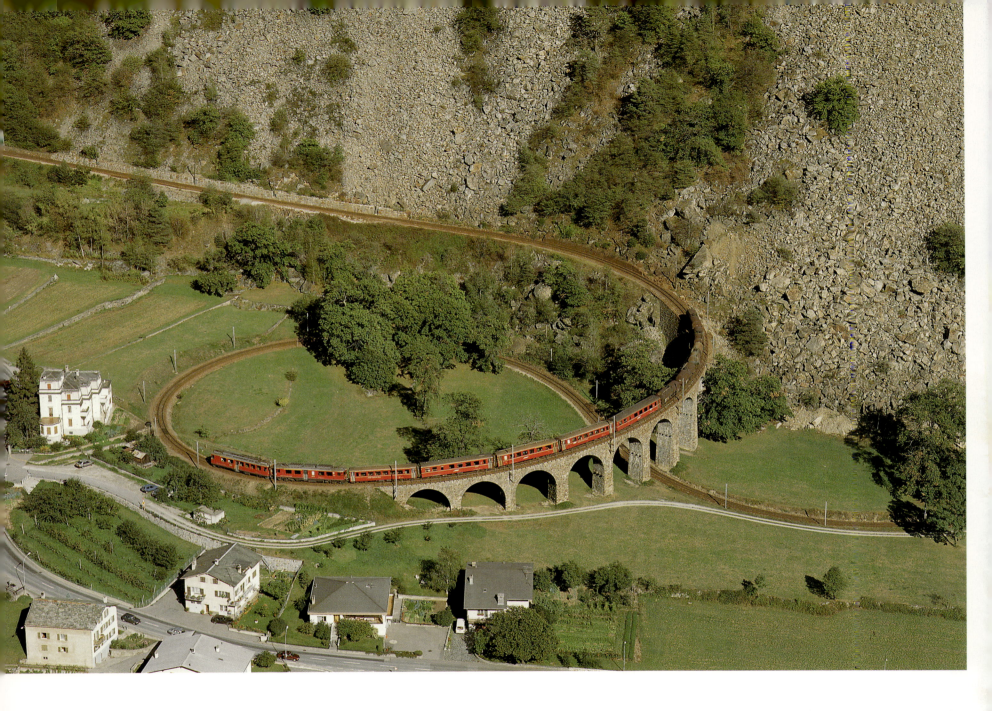

Oben: Beeindruckend ist die offene Kreiskehre unterhalb von Brusio, die auf engem Raum eine Höhendifferenz von etwa 20 m ausgleicht. Der lange Zug bringt das Bauwerk besonders gut zur Geltung (3. 10. 1991).

Rechte Seite: Auf seinem Weg nach Italien durchfährt ein Zug am Ende der Kreiskehre einen Bogen des zuvor überquerten Viaduktes (15. 2. 1991).

Linke Seite: Erst am Anfang seiner langen Rückreise nach Chur befindet sich der Bernina-Express bei Campascio, wo im milden Klima des unteren Puschlav Obst- und Gemüseanbau dominieren (17. 8. 1991).

Rechts: Während oben am Berninapaß noch Schnee und Eis die Landschaft prägen, rollt ABe 4/4 45 bereits an blühenden Bäumen vorbei (23. 4. 1987).

Linke Seite: Im Grenzort Campocologno findet die Schweizer Paß- und Zollkontrolle statt. Ein aus Italien kommender Zug ist bereits kontrolliert und wartet die Einfahrt eines Gegenzuges ab (4. 10. 1991).

Oben: Ständig ist in Campocologno eine der Rangierlokomotiven Ge 2/2 eingesetzt, da hier bereits ein Teil der mit der Bahn angelieferten Holzstämme auf Lastkraftwagen umgeladen wird. Am 4. 10. 1991 bringt der Triebwagen ABe 4/4 51 zwei holzbeladene Wagen in den Grenzbahnhof.

129

Oben: Bei Madonna di Tirano wird die Berninabahn nochmals zur „Straßenbahn". Von der Grenze kommend, rollt Triebwagen 51 mit einem gemischten Zug in die Stadt ein (14. 12. 1991).

Rechte Seite: Nur noch ein kurzes Stück Weg zum Endbahnhof hat Triebwagen 47 mit einer Fuhre Holz vor sich, als er an der Renaissance-Kirche Madonna di Tirano vorbeifährt (18. 5. 1989). Aufnahme: Hans Faust

Die Dampfschneeschleuder X rot d 9213

Zu den außergewöhnlichsten Schienenfahrzeugen zählen die von der Schweizerischen Lokomotiv- und Maschinenfabrik in Winterthur (SLM) für die Berninabahn gebauten Dampfschneeschleudern X rot d 9213 und 9214. Diese zwei eisenbahnhistorischen Raritäten sind die einzigen jemals gebauten Dampfschneeschleudern, die selbstfahrend, notfalls ohne Schubunterstützung, zur Schneeräumung eingesetzt werden können.

Die erste der beiden Maschinen wurde im Jahre 1910 von der Berninabahn in Betrieb genommen. Nachdem sie im Einsatz am Berninapaß ihre Leistungsfähigkeit unter Beweis gestellt hatte, folgte 1912 eine zweite, baugleiche Dampfschneeschleuder.

Die Maschinen sind in der Lage, Steigungen bis 70 Promille und Minimalradien von 40 m zu befahren. Diese Forderung des Pflichtenheftes löste SLM, indem man sechs Treibachsen in zwei getrennten Triebwerken unterbrachte. Die Zylinder der beiden beweglich gelagerten Triebgestelle der Bauart Meyer sind einander zugekehrt. Wie die Aufnahme auf Seite 135 zeigt, sind dadurch alle Zylinder, auch die für den Schleuderradantrieb, in einem Bereich konzentriert. Neben kurzen Dampfwegen brachte diese Bauart den Vorteil, daß sich kein Zylinder in betrieblich ungünstiger Lage hinter dem Schleuderrad befindet. Das Schleuderrad wird durch eine Zweizylinder-Dampfmaschine angetrieben. Die Schneeschleuder ist mit einem hölzernen Aufbau verkleidet und mit einem zweiachsigen Tender gekuppelt.

Lokomotivführer und Begleitpersonal fahren auf dem zwischen Schleuderrad und Rauchkammer gelegenen vorderen Führerstand mit. Der Heizer hat, wie bei konventionellen Dampflokomotiven, seinen Platz zwischen Tender und Feuerloch. Das Schleuderrad hat einen Durchmesser von 2,50 m und dreht sich normalerweise mit 160 Umdrehungen pro Minute. Durch seitlich am trichterförmigen Schleuderradgehäuse angebrachte verstellbare Flügel kann der Schnee – bis zu einer Räumbreite von 3,50 m – in die rotierenden Messer des Schleuderrades geleitet werden. Der Schneestrahl wird nach oben ausgeworfen und läßt sich nach rechts oder links auslenken. Hinter der arbeitenden Schleuder bleibt ein Schneekanal von 3,50 m Breite zurück, der jedoch bei Schneesturm oder den ständig blasenden Paßwinden oft schnell wieder zugeweht ist. Um den Schneekanal zu verbreitern, wurde, nach einem Vorbild der Erzbahn Kiruna – Narvik, im Jahre 1936 in der Werkstätte Poschiavo ein Spezialfahrzeug gebaut. Der auf einem Wagenuntergestell aufgebaute „Räumer" kann durch seitlich angeordnete, verstellbare Schneidflügel den Kanal verbreitern, indem er den Schnee auf das Gleis räumt. Dieser Schnee wird durch eine weitere Schleuderfahrt in hohem Bogen weit zur Seite geworfen. Drehscheiben zum Wenden der Dampfschneeschleuder sind noch in Bernina-Suot, Ospizio Bernina und in Poschiavo vorhanden. Die ursprünglich auch in Alp Grüm und Pontresina eingebauten Drehscheiben wurden 1977 (Alp Grüm) und 1989 (Pontresina) entfernt. Die Drehscheibe von Pontresina ging als Geschenk der RhB an die Dampfbahn Furka-Bergstrecke (DFB). Inzwischen in Realp eingebaut, werden auf ihr die Dampflokomotiven der DFB gewendet.

Die beiden 1910 und 1912 gebauten Dampfschneeschleudern gingen bei der Berninabahn als R 1051 und R 1052 in Betrieb. Nachdem die RhB im Jahre 1943 die Berninabahn übernommen hatte, wurden die Maschinen zuerst in R 13 und R 14 umgezeichnet und einige Jahre danach in X rot d 9213 und 9214. Bis zum Erscheinen der Elektroschleudern X rot et 9218/19 im Jahre 1967, standen die Dampfschneeschleudern jeden Winter im harten Einsatz. Danach dienten sie als Reserve und kamen nur noch sporadisch zum Einsatz. Die zuletzt in Landquart abgestellte 9214 ging 1990 in den Besitz der DFB über. Nach einer gründlichen Hauptrevision, soll sie im Frühjahr die Furka-Bergstrecke von den Schneemassen befreien. Die X rot d 9213 ist noch betriebsfähig in Pontresina vorhanden.

Linke Seite: Endstation für die Berninabahn ist Tirano. Reisende können jedoch mit den Italienischen Staatsbahnen (FS) weiter nach Sondrio und Mailand fahren, oder sie haben Anschluß mit einem RhB-Bus nach Lugano. Vom rebenreichen Abhang bei der Kirche San Perpetua kann die Stadt mit ihren Bahnanlagen und den ein- und ausfahrenden Zügen überblickt werden.

Das Bild zeigt im Vordergrund die Wallfahrtskirche Madonna di Tirano, an der ein Zug in Richtung Schweizer Grenze vorbeifährt; oben in der Mitte die nebeneinander liegenden Bahnhofsanlagen der Berninabahn und der Italienischen Staatsbahnen.

Am 27. 1. 1991 fand mit der in Pontresina als Reserve stationierten Dampfschneeschleuder X rot d 9213 eine Demonstrationsfahrt nach Alp Grüm statt. Bereits am Tag vor dem Einsatz wird die aus dem Depot geschleppte Maschine von der Bedienungsmannschaft angeheizt, abgeschmiert und in allen Funktionen überprüft und kontrolliert. Die vor dem Schleuderrad angebrachte Hilfskupplung muß vor dem Einsatz noch abmontiert werden.

Eine Augenweide für die Freunde des klassischen Maschinenbaues sind die Triebwerke der selbstfahrenden Dampfschneeschleuder X rot d 9213, die die SLM im Jahre 1910 unter der Fabrik-Nr. 2149 baute. Der Antrieb für das Schleuderrad ist über den beiden gelenkigen Triebgestellen der Bauart Meyer zu sehen.

Links: Mit Volldampf durch die Montebello-Kurve dem Berninapaß entgegen. Schubunterstützung leistet die Zweikraftlokomotive Gem 4/4 802. Aufnahme: Winfried Großpietsch

Rechte Seite: Nichts ist mehr von den Autos zu sehen, als die Dampfschneeschleuder die Straße entlang faucht.

Linke Seite: Was kann es für den Eisenbahnfreund beeindruckenderes geben, als Rauch, Dampf und Schnee vor einem großartigen Bergpanorama?

Oben: Am Lago Bianco demonstriert die über 80 Jahre alte „Rotary" ihre Leistungsfähigkeit. Aufnahme: Dr. T. Faust

Oben: In hohem Bogen wird der Schnee durch das 2,50 m messende Schleuderrad zum zugefrorenen See hinabgeworfen. Aufnahme: Dr. T. Faust
Rechte Seite: Eine Gelegenheit zum ausgiebigen Betrachten und Fotografieren der Schneeschleuder ergibt sich bei einer Betriebspause in Ospizio Bernina.

Mit den seitlich an der Schleuder angebrachten verstellbaren Flügeln kann der Schnee bis zu einer Räumbreite von 3,50 m vom Schleuderrad erfaßt und in hohem Bogen nach rechts oder links ausgeworfen werden.

Links: Mit einer kräftigen Dampfwolke und arbeitendem Schleuderrad fährt X rot d 9213 in die Kurve.

Rechte Seite: Die Brücke bei Ospizio Bernina gewährt einen freien Blick auf die nach Alp Grüm fahrende Dampfschneeschleuder.

Links: In einer Kaskade von Schnee und Dampf entfernt sich der aus der Blütezeit des Dampflokomotiv- und Maschinenbaues stammende Oldtimer. Aufnahme: Dr. T. Faust.

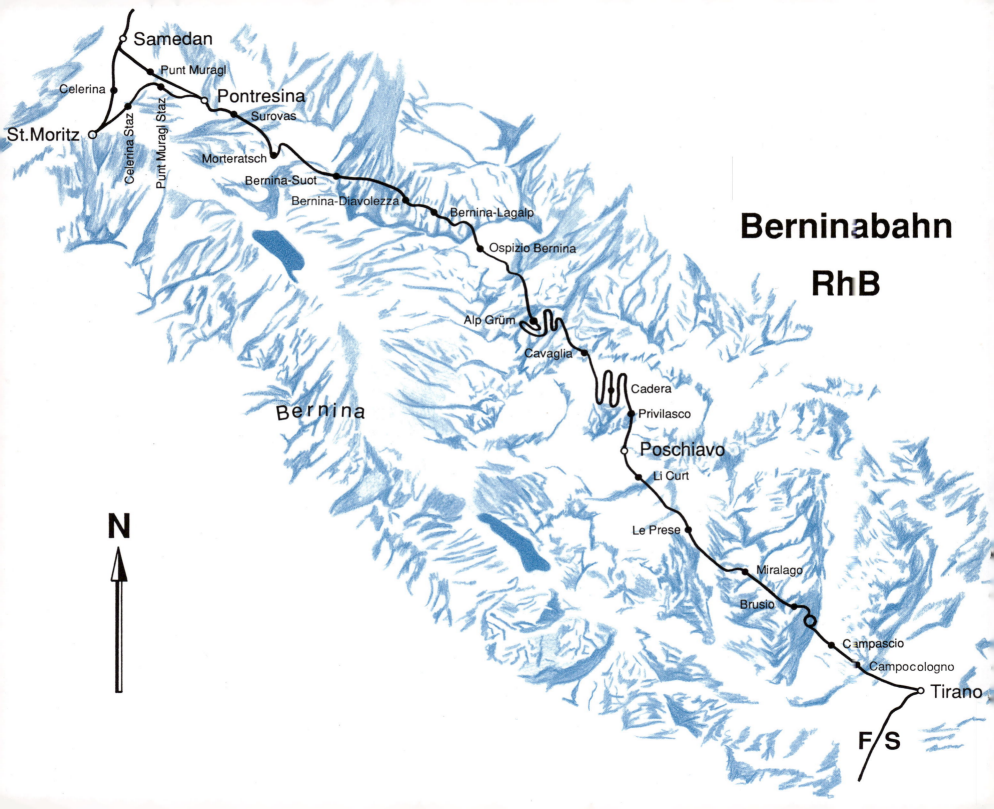